Habeeba Ahmad Kabeer

Ecossistema aquático

Habeeba Ahmad Kabeer

Ecossistema aquático

ScienciaScripts

Imprint

Cover image: www.ingimage.com

This book is a translation from the original published under ISBN 978-3-659-75707-5.

Publisher:
Sciencia Scripts
is a trademark of
Dodo Books Indian Ocean Ltd. and OmniScriptum S.R.L publishing group

120 High Road, East Finchley, London, N2 9ED, United Kingdom
Str. Armeneasca 28/1, office 1, Chisinau MD-2012, Republic of Moldova, Europe
Printed at: see last page
ISBN: 978-620-8-28956-0

Prefácio

Um livro de linguagem fácil, sobre o ecossistema aquático é muito necessário para conhecer o ecossistema aquático de uma forma fácil. O presente livro é uma tentativa preliminar de satisfazer esta necessidade de uma forma ligeira. Tentei explicar facilmente todas as partes importantes do ecossistema aquático, por exemplo, as diferentes zonas, animais e plantas, tipos de ecossistema aquático, factores bióticos e abióticos do ecossistema aquático. Espero que seja útil para muitos estudantes e investigadores em todo o mundo tentarem chaves semelhantes para compreender o ambiente aquático de uma forma fácil.

Dr. Habeeba Ahmad Kabeer

Reconhecimento

Este livro não poderia ter sido preparado ou publicado sem o apoio, a cooperação e a contribuição de quem nunca teria realizado este trabalho. Permitam-me que exprima a minha mais profunda fé em Alá Todo-Poderoso, Omnipotente, Omnipresente, pois foram de facto as Suas bênçãos que me deram o zelo suficiente para concluir este trabalho.

Gostaria de expressar a minha gratidão às muitas pessoas que me acompanharam ao longo deste livro; a todos aqueles que me apoiaram, falaram sobre o assunto, leram, escreveram, fizeram comentários, permitiram que eu citasse as suas observações e ajudaram na edição, revisão e conceção.

Gostaria de agradecer ao meu querido pai Syed Mohammad A. Ahmad Kabir e à minha querida mãe Shahzad Rana por me terem permitido publicar este livro. Acima de tudo, quero agradecer ao meu marido, Azam Siddiqui, e ao resto da minha família, que me apoiaram e encorajaram, apesar de todo o tempo que levei longe deles. Foi uma viagem longa e difícil para eles.

À Dra. Saltanat Parveen, minha orientadora no Departamento de Zoologia. A.M.U., Aligarh, que merece um reconhecimento especial devido ao seu apoio incondicional a este livro, incluindo não só o seu encorajamento, mas também o tempo que, de facto, me dispensou dos meus deveres a tempo inteiro.

Obrigado à Mamã, ao Papá e ao Azu - sem o vosso apoio, este livro nunca teria chegado ao fim.

Dr. Habeeba Ahmad Kabeer

Dedicado a

Os meus queridos pais

&

O meu marido

ÍNDICE DE CONTEÚDOS

Introdução

A palavra "Ecossistema" tem uma origem grega que é oikos, que significa "casa", e systema, ou "sistema". A palavra "Ecossistema" foi proposta pelo ecologista britânico A.G. Tansley (1935).

O termo ecossistema descreve os componentes vivos e não vivos de uma área que interagem uns com os outros. Todos os componentes são, de alguma forma, interdependentes uns dos outros. Um ecossistema pode ser aquático ou terrestre.

Num ecossistema aquático, as rochas são necessárias para o abrigo e as plantas fornecem oxigénio aos peixes. Um ecossistema está equilibrado quando os animais e plantas naturais e os componentes não vivos estão em harmonia - ou seja, não há nada que perturbe o equilíbrio. Com o aumento da poluição, a alteração dos padrões migratórios e o aumento da população humana, muitos ecossistemas estão em risco de perder essa harmonia.

O ecossistema é uma comunidade biológica de uma área, de organismos que interagem e do seu ambiente físico e químico.

A superfície da Terra pode ser descrita por uma série de ecossistemas interligados. Um ecossistema aquático é um ecossistema numa massa de água. Nos ecossistemas aquáticos vivem comunidades de organismos que dependem uns dos outros e do seu ambiente.

Todas as plantas e animais necessitam de água, mas em quantidades variáveis. A quantidade de água e outros factores não vivos numa área determinam os tipos de plantas e animais que aí podem existir. Uma comunidade é o conjunto de todos os seres vivos de uma determinada área.

A comunidade e o ambiente não vivo funcionam em conjunto como um ecossistema. Os ecossistemas são constituídos tanto pela componente viva, biótica, como pela componente não viva, abiótica. A componente abiótica de uma área determina em grande medida os tipos de formas de vida que aí podem existir. A água é uma componente abiótica, mas existem muitas outras, como o tipo de solo, a elevação, a temperatura, a salinidade, etc. Os dois tipos de ecossistemas aquáticos são os ecossistemas de água doce e os ecossistemas marinhos.

Um ecossistema aquático é um grupo de organismos que interagem e que dependem uns dos outros e do seu ambiente aquático para obter nutrientes (por exemplo, azoto e fósforo) e abrigo.

Os exemplos mais conhecidos são os lagos e os rios, mas os ecossistemas aquáticos também incluem áreas como as planícies aluviais e as zonas húmidas, que são inundadas por água durante todo o ano ou apenas durante parte dele. Os ecossistemas aquáticos aparentemente inóspitos podem sustentar a vida. As nascentes termais, por exemplo, suportam algas e algumas espécies de insectos a temperaturas da água próximas do ponto de ebulição; minúsculos vermes vivem durante todo o ano nos campos de gelo do Yukon; e algumas águas altamente poluídas podem suportar grandes populações de bactérias.

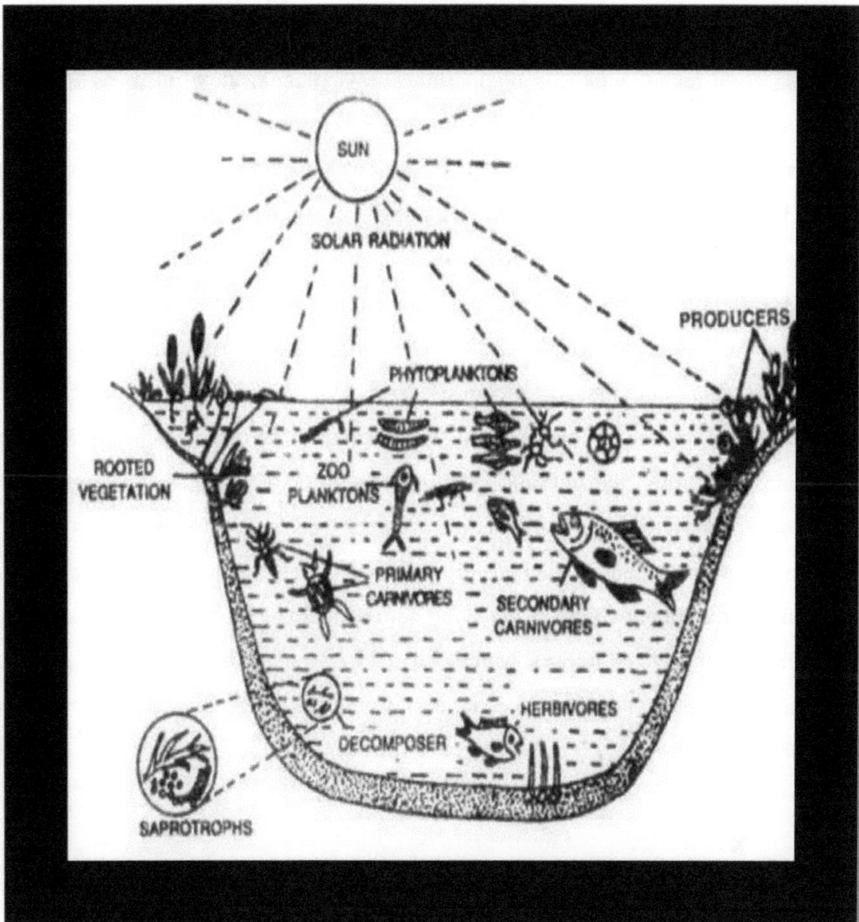

Ecossistema aquático

Também podemos dizer que uma gota de água é um ecossistema aquático, uma vez que contém ou pode suportar organismos vivos. De facto, os ecologistas estudam frequentemente gotas de água - retiradas de lagos e rios - no laboratório para compreenderem o funcionamento destes ecossistemas aquáticos de maiores dimensões.

Os ecossistemas aquáticos ou marinhos estão localizados em áreas que estão cobertas de água durante parte do ano ou que estão sempre debaixo de água. Estes ecossistemas podem ser divididos em quatro grupos principais: zonas húmidas de água doce, incluindo pântanos, brejos e turfeiras; outros ecossistemas de água doce, incluindo rios, nascentes, lagos e lagoas; ecossistemas costeiros, incluindo estuários, praias, mangais, pântanos salgados e lodaçais; ecossistemas marinhos, incluindo oceanos, recifes de coral e leitos de ervas marinhas. Cada um destes ecossistemas será estudado nas próximas aulas individuais. Embora os vários ecossistemas possam parecer muito diferentes e isolados uns dos outros, é importante perceber como estão inter-relacionados. Os rios transportam detritos para jusante, onde os nutrientes são despejados em estuários que sustentam os viveiros do mar. Muitas formas de vida selvagem utilizam e dependem de mais do que um ecossistema para a sua sobrevivência. Uma águia-pesqueira pode fazer o seu ninho num pântano de madeira dura, mas apanhar peixe para se alimentar no oceano. Muitas espécies de peixes de água salgada passam a maior parte da sua vida adulta no oceano, mas dependem de estuários ou rios para a sua reprodução e desova.

Factores abióticos e bióticos do ecossistema aquático

Um ecossistema é definido como qualquer comunidade de seres vivos e não vivos que trabalham em conjunto. Os ecossistemas não têm limites claros, e pode ser difícil ver onde termina um ecossistema e começa outro. Para compreender o que torna cada ecossistema único, temos de analisar os factores bióticos e abióticos que o constituem. Os factores bióticos são todos os organismos vivos de um ecossistema. Estes podem ser plantas, animais, fungos e quaisquer outros seres vivos. Os factores abióticos são todos os seres não vivos de um ecossistema.

Tanto os factores bióticos como os abióticos estão relacionados entre si num ecossistema, e se um fator for alterado ou removido, pode afetar todo o ecossistema. Os factores abióticos são especialmente importantes porque afectam diretamente a forma como os organismos sobrevivem.

Factores abióticos: Em ecologia e biologia, os componentes abióticos são factores químicos e físicos não vivos do ambiente que afectam os ecossistemas, referindo-se a elementos físicos e químicos não vivos do ecossistema. Os recursos abióticos são normalmente obtidos a partir da litosfera, atmosfera e hidrosfera. Exemplos de factores abióticos são a água, o ar, o solo, a luz solar e os minerais. Os factores abióticos afectam a capacidade de sobrevivência e reprodução dos organismos; ajudam a determinar os tipos e o número de organismos capazes de existir no ambiente; os factores limitantes restringem o crescimento.

Factores bióticos: Biótico descreve um componente vivo de um ecossistema; por exemplo, organismos, tais como plantas e animais; organismos vivos ou outrora vivos no ecossistema. Estes são obtidos a partir da biosfera e são capazes de se reproduzir. Exemplos de factores bióticos são os animais, as aves, as plantas, os fungos e outros organismos semelhantes. Todos os seres vivos autótrofos e eterótrofos - plantas, animais, fungos, bactérias. Os factores bióticos afectam os seres vivos que, direta ou indiretamente, afectam os organismos no ambiente; organismos, interações, resíduos; parasitismo, doenças, predação.

Tipos de ecossistemas aquáticos

Ecossistema aquático

O ecossistema aquático é o ecossistema mais diversificado do mundo. A primeira vida teve origem na água e os primeiros organismos eram também aquáticos, sendo a água o principal meio externo e interno dos organismos. Assim, a água é o fator mais vital para a existência de todos os organismos vivos. A água cobre cerca de 71% da Terra, dos quais mais de 95% se encontram nos gigantescos oceanos. Uma quantidade muito reduzida de água está contida nos rios (0,00015%) e nos lagos (0,01%), que constituem os recursos de água doce mais valiosos. Os ecossistemas aquáticos mundiais dividem-se em duas grandes classes definidas pela salinidade - o ecossistema de água doce e o ecossistema de água salgada.

Os ecossistemas de água doce são águas interiores que têm baixas concentrações de sais (< 500 mg/L). O ecossistema de água salgada tem uma elevada concentração de sal (em média, cerca de 3,5%). Muitas destas espécies animais e vegetais vivem na água; algumas, como os peixes, passam toda a sua vida debaixo de água, enquanto outras, como os sapos e as rãs, podem utilizar as águas superficiais apenas durante a época de reprodução ou enquanto juvenis.

Um ecossistema aquático (habitats e organismos) inclui rios e riachos, lagoas e lagos, oceanos e baías, pântanos e marismas, e os seus animais associados. Os habitats aquáticos fornecem o alimento, a água, o abrigo e o espaço essenciais para a sobrevivência dos animais e plantas aquáticos. A biodiversidade aquática é rica e abriga uma variedade de plantas e animais - desde algas produtoras primárias a grandes peixes consumidores terciários, intermitentemente ocupados por zooplâncton, pequenos peixes, insectos aquáticos e anfíbios.

A água é o elo comum entre os cinco biomas e constitui a maior parte da biosfera, cobrindo cerca de 75% da superfície da Terra. As regiões aquáticas albergam numerosas espécies de plantas e animais, tanto grandes como pequenos. De facto, foi aqui que a vida começou, há milhares de milhões de anos, quando os aminoácidos se começaram a juntar. Sem água, a maioria das formas de vida não seria capaz de se sustentar e a Terra seria um lugar árido e desértico.

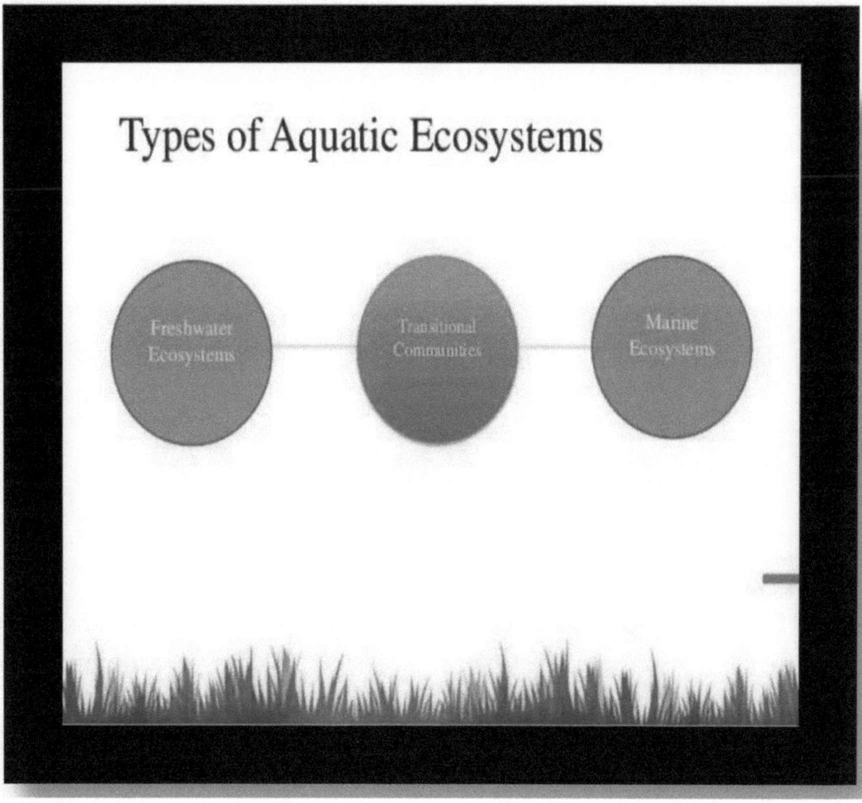

O bioma aquático pode ser dividido em duas regiões básicas, a água doce (lagoas e rios) e a água salgada (oceanos e estuários).

O ecossistema aquático pode ser dividido em água doce e marinho:

Ecossistema de água doce:

- Lagoas e lagos
- Rios e ribeiras
- Zonas húmidas

Ecossistema marinho:

- Oceanos
- Recifes de coral
- Estuários

Lago Um ecossistema de água doce

Ecossistema de água doce

O estudo dos habitats de água doce é conhecido como limnologia. Os habitats de água doce podem ainda ser divididos em dois grupos: ecossistemas lênticos e lóticos, com base na diferença do tempo de residência da água e da velocidade do fluxo. O tempo de residência da água num ecossistema lêntico é, em média, de 10 anos e o de um ecossistema lótico é de 2 semanas. Nos ecossistemas lóticos, a velocidade média de escoamento varia entre 0,1 e 1 m/s, enquanto os ecossistemas lênticos se caracterizam por uma velocidade média de escoamento de 0,001 a 0,01 m/s (Wetzel, 2001). Os habitats lênticos diferenciam-se ainda dos lóticos por terem uma estratificação térmica que é criada num lago devido a diferenças de densidade. A água atinge uma densidade máxima a 4^0 C, uma água quente e mais leve flutua sobre a água mais pesada e mais fria, criando assim zonas termicamente estratificadas que correspondem ao epilimnion, a camada quente, e ao hipolimnion, a camada mais fria, separadas por uma barreira chamada termoclina. O ecossistema lótico é caracterizado por ordens de cursos de água, dependendo da origem e do caudal, e por vários tipos de padrões de cursos de água, nomeadamente dendríticos, radiais, rectangulares, centrípetos, pinados, em treliça, paralelos, distribuidores e anulares, que determinam os riscos de inundação e de erosão do solo na região. No entanto, a unidade básica entre estes ecossistemas é que qualquer alteração na área de captação destes ecossistemas afectará a qualidade da água dos ecossistemas lóticos e lênticos. A bacia hidrográfica é toda a área terrestre e aquática que contribui com o escoamento para um ponto comum, que pode ser um lago ou um riacho.

O termo lótico (de lavo, que significa 'lavar') representa água corrente, onde toda a massa de água se move numa direção definida. Inclui a nascente, o ribeiro ou o rio, vistos como uma unidade ecológica da comunidade biótica e do ambiente físico-químico.

Os ecossistemas lóticos caracterizam-se pela interação entre a água corrente com uma gradação longitudinal de temperatura, os materiais orgânicos e inorgânicos, a energia e os organismos dentro de um corredor de corrente. Estas interações ocorrem ao longo do espaço e do tempo.

Os ecossistemas de água doce são um subconjunto dos ecossistemas aquáticos da

Terra. Os ecossistemas de água doce incluem lagos, lagoas, rios, zonas húmidas e riachos. Os lagos são grandes massas de água doce rodeadas por terra, enquanto as lagoas são massas de água mais pequenas rodeadas por terra. A maior parte dos lagos estão parados e contêm vida vegetal e animal diversificada. Os rios e ribeiros são massas de água doce em movimento, que normalmente têm origem nas montanhas e provêm da fusão do gelo ou das águas subterrâneas, acabando por desaguar no oceano. Por exemplo, o rio Amazonas nasce na Cordilheira dos Andes e termina no Oceano Atlântico. Ao longo do tempo, à medida que os rios viajam, mudam de curso e abrem um caminho através da terra. Isto provoca lagos, cavernas e desfiladeiros.

O local onde a água doce e a água salgada se encontram é designado por estuário. Um lugar único onde dois habitats se juntam é chamado de ecótono. Como os estuários são geralmente pouco profundos, a luz solar pode atingir todos os níveis da água.

Podem ser comparados com os ecossistemas marinhos, que têm um maior teor de sal. Os habitats de água doce podem ser classificados por diferentes factores, incluindo a temperatura, a penetração da luz e a vegetação. Os ecossistemas de água doce podem ser divididos em ecossistemas lênticos (água parada) e ecossistemas lóticos (água corrente). As tensões químicas comuns na saúde dos ecossistemas de água doce incluem a acidificação, a eutrofização e a contaminação por cobre e pesticidas.

Os ecossistemas de água doce cobrem 0,80% da superfície da Terra e habitam 0,009% da sua água total. Geram quase 3% da sua produção primária líquida. Os ecossistemas de água doce contêm 41% das espécies de peixes conhecidas no mundo (Gretchen, 1997).

Existem três tipos básicos de ecossistemas de água doce:

- Água parada - lagos e lagoas: Os ecossistemas de água parada são conhecidos como ecossistemas lênticos, tais como lagos e lagoas.
- Os organismos do ecossistema lêntico incluem algas, plantas com raízes e folhas flutuantes, invertebrados como caranguejos, camarões, lagostins, amêijoas, etc., anfíbios como rãs e salamandras e répteis como jacarés e cobras de água.

- Água em movimento - rios e riachos: os ecossistemas de água corrente são conhecidos como ecossistemas lóticos, com a água a fluir numa direção uniforme e de forma unidirecional. Exemplos disso são os rios e riachos, que abrigam várias espécies de insectos e peixes. Crustáceos como lagostins e caranguejos; e moluscos como amêijoas e lapas.

Ecossistema lêntico

A água de movimento lento, incluindo charcos, lagoas e lagos. O termo lêntico (que significa "tornar calmo") é utilizado para as águas paradas dos lagos e lagoas, que oferecem condições ambientais muito diferentes das dos cursos de água. A luz penetra apenas até uma certa profundidade, dependendo da turvação. A temperatura varia sazonalmente e com a profundidade. Dado que apenas uma pequena parte está em contacto direto com a atmosfera e que a decomposição ocorre ativamente no fundo, o teor de oxigénio do ecossistema lêntico é relativamente baixo em comparação com o lótico.

A presença de estratificação é criada pela diferença de densidade resultante do aquecimento diferencial das águas do lago. Na presença de ventos fortes, a água do lago é bem misturada se a temperatura for uniforme a mais de 4 oC. Se a temperatura não for uniforme, devido à diferença de densidade, o lago é estratificado em epilimnion, hypolimnion e thermocline.

De acordo com os padrões de circulação, os lagos são classificados em lagos amicóticos, meromícticos, holomícticos, oligomícticos, monomícticos, dimícticos e polimícticos. Assim, o movimento da água é fortemente influenciado pelo padrão do vento e pela temperatura. Muitas vezes, o movimento da água no lago é multidirecional.

Ecossistema lótico

A água em movimento rápido, por exemplo, riachos e rios. O termo lótico (de lavo, que significa "lavar") representa a água corrente, em que toda a massa de água se move numa direção definida. Estas podem incluir ribeiros, riachos, rios e nascentes. O ribeiro é um termo utilizado para a pequena massa de água, enquanto o rio é um termo utilizado para uma massa de água natural relativamente grande. O ribeiro é geralmente designado como mais pequeno do que um rio mas maior do que um riacho. A nascente é uma emissão de água da terra, que toma a forma de um riacho à superfície (Wetzel, 2001). A velocidade da corrente nas águas correntes depende da natureza do seu gradiente e dos substratos. Ao contrário das águas lênticas, o vento tem pouca influência nas correntes das águas correntes. O movimento contínuo da água, das substâncias dissolvidas e das partículas em suspensão para jusante depende essencialmente das caraterísticas da bacia de drenagem. Existem muitos padrões de cursos de água de acordo com este gradiente e incluem os dendríticos, rectangulares, radiais, em treliça, paralelos, anulares, desarranjados e pinados. O padrão do curso de água determina os riscos de erosão do solo.

Lagoas e lagos

Estas regiões variam em tamanho, desde apenas alguns metros quadrados até milhares de quilómetros quadrados. Espalhadas por toda a Terra, várias são remanescentes da glaciação do Pleistoceno. Muitas lagoas são sazonais, durando apenas alguns meses (como as piscinas sésseis), enquanto os lagos podem existir durante centenas de anos ou mais.

As lagoas e os lagos podem ter uma diversidade de espécies limitada, uma vez que estão frequentemente isolados uns dos outros e de outras fontes de água como os rios e os oceanos.

Correntes e rios

São massas de água corrente que se deslocam numa só direção. Os rios e ribeiros podem ser encontrados em todo o lado. Começam nas nascentes, que podem ser nascentes, degelo ou mesmo lagos, e depois percorrem todo o caminho até à foz, normalmente outro canal de água ou o oceano. As caraterísticas de um rio ou ribeiro alteram-se durante o percurso da nascente até à foz. A temperatura é mais baixa na nascente do que na foz.

Zonas húmidas

Uma ligação entre a água e a terra onde o solo está saturado ou inundado durante pelo menos uma parte do tempo é conhecida como zona húmida, por exemplo, pântano, brejo e turfeira. Dependendo do tipo de zona húmida, esta pode ser preenchida principalmente por árvores, gramíneas, arbustos ou musgo.

Uma proporção muito pequena da área terrestre, que é apenas 0,8 por cento da superfície da Terra, está coberta por elas. A produção primária num ecossistema de água doce é controlada pela luz e pela disponibilidade de nutrientes. A água doce pode ser definida como a água que contém uma quantidade relativamente pequena de compostos químicos dissolvidos.

Ecossistema marinho

As regiões marinhas cobrem cerca de três quartos da superfície da Terra e incluem os oceanos, os recifes de coral e os estuários. As algas marinhas fornecem grande parte do oxigénio mundial e absorvem uma enorme quantidade de dióxido de carbono atmosférico. A evaporação da água do mar fornece água da chuva para a terra.

Oceanos

O maior de todos os ecossistemas, os oceanos são grandes massas de água que dominam a superfície da Terra. Um oceano (do grego antigo 'Ωκεανός, transc. Okeanos, o mar da antiguidade clássica ('Ωκεανός, 2012) é uma massa de água salgada que compõe grande parte da hidrosfera de um planeta (WordNet Search, 2012). Na Terra, um oceano é uma das principais divisões convencionais do Oceano Mundial, que cobre quase 71% da sua superfície. Estes são, por ordem decrescente de área, os oceanos Pacífico, Atlântico, Índico, Austral e Ártico (ocean, n. 2012). A palavra mar é frequentemente utilizada como sinónimo de "oceano" no inglês americano, mas, em rigor, um mar é uma massa de água salgada (geralmente uma divisão do oceano mundial) parcial ou totalmente delimitada por terra (NOAA, 2012).

A água salgada cobre aproximadamente 72% da superfície do planeta ($\sim 3{,}6 * 10^8$ km^2) e é habitualmente dividida em vários oceanos principais e mares mais pequenos, com o oceano a cobrir aproximadamente 71% da superfície da Terra. O oceano contém 97% da água da Terra, e os oceanógrafos afirmam que menos de 5% do Oceano Mundial foi explorado (Qadri. S., 2003). O volume total é de aproximadamente 1,35 mil milhões de quilómetros cúbicos (320 milhões de cu mi) com uma profundidade média de cerca de 3.700 metros (12.100 pés) (NOAA, 2015).

Sendo o principal componente da hidrosfera da Terra, o oceano é parte integrante de toda a vida conhecida, faz parte do ciclo do carbono e influencia o clima e os padrões meteorológicos. É o habitat de 230 000 espécies conhecidas, embora grande parte das profundezas dos oceanos permaneça inexplorada e se estime que existam mais de dois milhões de espécies marinhas (Drogin, B., 2009). A origem dos oceanos da Terra permanece desconhecida; pensa-se que os oceanos se formaram no período Hadeano e podem ter sido o impulso para o aparecimento da vida.

Recifes de coral

Os recifes de coral estão amplamente distribuídos em águas quentes e pouco profundas. Naturalmente, os organismos dominantes nos recifes de coral são os corais. Os corais são interessantes porque são constituídos por algas e tecidos de pólipos animais. Uma vez que as águas dos recifes tendem a ser nutricionalmente pobres, os corais obtêm nutrientes através das algas por fotossíntese e também estendendo os tentáculos para obter plâncton da água. Para além dos corais, a fauna inclui várias espécies de microorganismos, invertebrados, peixes, ouriços-do-mar, polvos e estrelas-do-mar.

Estuários

Os estuários são zonas onde as correntes de água doce ou os rios se fundem com o oceano. Esta mistura de águas com concentrações de sal tão diferentes cria um ecossistema muito interessante e único. A microflora, como as algas, e a macroflora, como as algas marinhas, as gramíneas dos pântanos e as árvores dos mangais (apenas nos trópicos), podem ser encontradas aqui. Os estuários suportam uma fauna diversificada, incluindo uma variedade de vermes, ostras, caranguejos e aves aquáticas.

Diferentes Zonas no Ecossistema Aquático

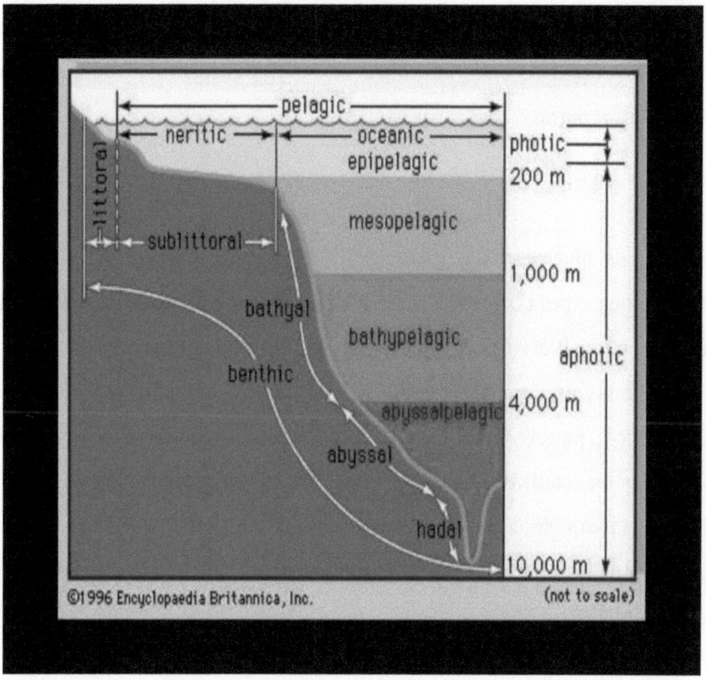

Zonas no ecossistema aquático

Zona Fótica

A superfície do ecossistema aquático que recebe luz solar.

Zona eufótica

A região superior do ecossistema aquático que permite o processo de fotossíntese pelo fitoplâncton e pelas plantas.

Zona afótica

A zona afótica tem origem numa palavra grega que significa "sem luz" e é a parte de um ecossistema aquático onde há pouca ou nenhuma luz solar, ou seja, onde menos de 1% da luz solar penetra.

Zona litoral

A zona mais alta perto da margem de um lago ou lagoa. Esta zona é a mais quente, uma vez que é pouco profunda e pode absorver mais calor do Sol. Sustenta uma comunidade bastante diversificada, que pode incluir várias espécies de algas (como as diatomáceas), plantas aquáticas enraizadas e flutuantes, caracóis herbívoros, amêijoas, insectos, crustáceos, peixes e anfíbios. No caso dos insectos, como as libélulas e os mosquitos, apenas os estádios de ovo e de larva se encontram nesta zona. A vegetação e os animais que vivem na zona litoral servem de alimento a outros seres como as tartarugas, as cobras e os patos.

Zona limnética

As águas abertas próximas da superfície, rodeadas pela zona litoral. A zona limnética é bem iluminada e é dominada pelo plâncton, tanto fitoplâncton como zooplâncton. O plâncton é um pequeno organismo que desempenha um papel crucial na cadeia alimentar. Sem o plâncton aquático, haveria poucos organismos vivos no mundo, e certamente nenhum ser humano. Uma variedade de peixes de água doce também ocupa esta zona.

Termoclina

Entre as duas camadas, existe uma zona estreita, designada por "zona de água". Durante a primavera e o outono, há uma mistura das camadas superior e inferior, geralmente devido aos ventos, o que resulta numa temperatura uniforme da água de cerca de 4°C.

Zona Sublitoral

A zona intertidal situada imediatamente abaixo da zona litoral e que se estende até uma profundidade de cerca de 200 m no ecossistema aquático.

Zona pelágica

A parte do ecossistema aquático que não está perto da costa ou do fundo do mar. O nome deriva da palavra grega pélagos que significa "mar", mas que é mais corretamente traduzida como "mar aberto".

Zona Epipelágica

A zona mais alta da zona oceânica, situada acima da zona mesopelágica, que recebe luz solar suficiente para permitir a fotossíntese.

Zona Mesopelágica

O Mesopelágico deriva da palavra grega psoov que significa meio e é a parte da zona pelágica que se estende de uma profundidade de 200 a 1000 metros abaixo da superfície do oceano.

Zona batimelágica

O nome deriva da palavra grega poOug (bathys), que significa "profundo". A esta profundidade, o oceano é negro como breu, à exceção de organismos bioluminescentes ocasionais, como os peixes-lanterna. Não existem plantas vivas nesta zona, mas os animais que aqui vivem sobrevivem consumindo os detritos que caem das zonas acima, a chamada "neve marinha", ou, como o peixe-cobra marinho, predando outros habitantes desta zona.

Zona abissal ou camada abissopelágica

A palavra "Abismo" deriva de uma palavra grega apuooog, que significa sem fundo é a zona pelágica que contém as comunidades bentónicas muito profundas perto do fundo dos oceanos.

Zona bentónica:

A zona bentónica é a área abaixo da zona pelágica, mas não inclui as partes mais profundas do oceano. O fundo desta zona é constituído por areia, fendas e/ou organismos mortos. Aqui a temperatura diminui à medida que a profundidade aumenta em direção à zona abissal, uma vez que a luz não consegue penetrar nas águas mais profundas. A flora é representada principalmente por algas marinhas, enquanto a fauna, por ser muito rica em nutrientes, inclui todo o tipo de bactérias, fungos, esponjas, anémonas-do-mar, vermes, estrelas-do-mar e peixes.

Fluxo de energia no ecossistema

Existem relações complexas não só entre diferentes ecossistemas, mas também dentro de cada ecossistema. Muitas destas relações envolvem a transferência de energia. A fonte de energia para os ecossistemas é o sol. Este fluxo de energia de um organismo para o seguinte é conhecido como cadeia alimentar.

Uma teia alimentar é o padrão interligado de cadeias alimentares separadas numa comunidade. As plantas verdes, designadas por produtores, utilizam a luz solar para produzir o seu próprio alimento através do processo de fotossíntese. Os animais que se alimentam dos produtores são chamados consumidores primários, também designados por consumidores de primeira ordem. Os consumidores secundários, também designados por consumidores de segunda ordem, alimentam-se dos consumidores primários. Os consumidores de terceira e quarta ordem também podem existir num ecossistema. A última grande categoria é a dos decompositores, constituídos principalmente por bactérias e fungos. Estes organismos decompõem a matéria orgânica ou detritos em nutrientes que podem ser reciclados através do ecossistema.

Há uma série de factores que influenciam a quantidade e os tipos de organismos que um ecossistema aquático ou marinho irá suportar. É importante compreender os principais factores e ser capaz de comunicar aos jovens a forma como estes factores se articulam. As populações de vertebrados, invertebrados e plantas num ecossistema aquático não são apenas influenciadas pelo tamanho da área, mas por uma variedade de factores abióticos, incluindo a fertilidade do solo, a profundidade da água, a turbidez, a temperatura e a qualidade da água. As populações são também afectadas pelas relações dentro da teia alimentar de um ecossistema. Por exemplo, várias populações de peixes têm necessidades alimentares diferentes. Um robalo necessita de pequenos peixes e grandes invertebrados, como o lagostim. Um bluegill depende de pequenos invertebrados, como insectos aquáticos ou zooplâncton.

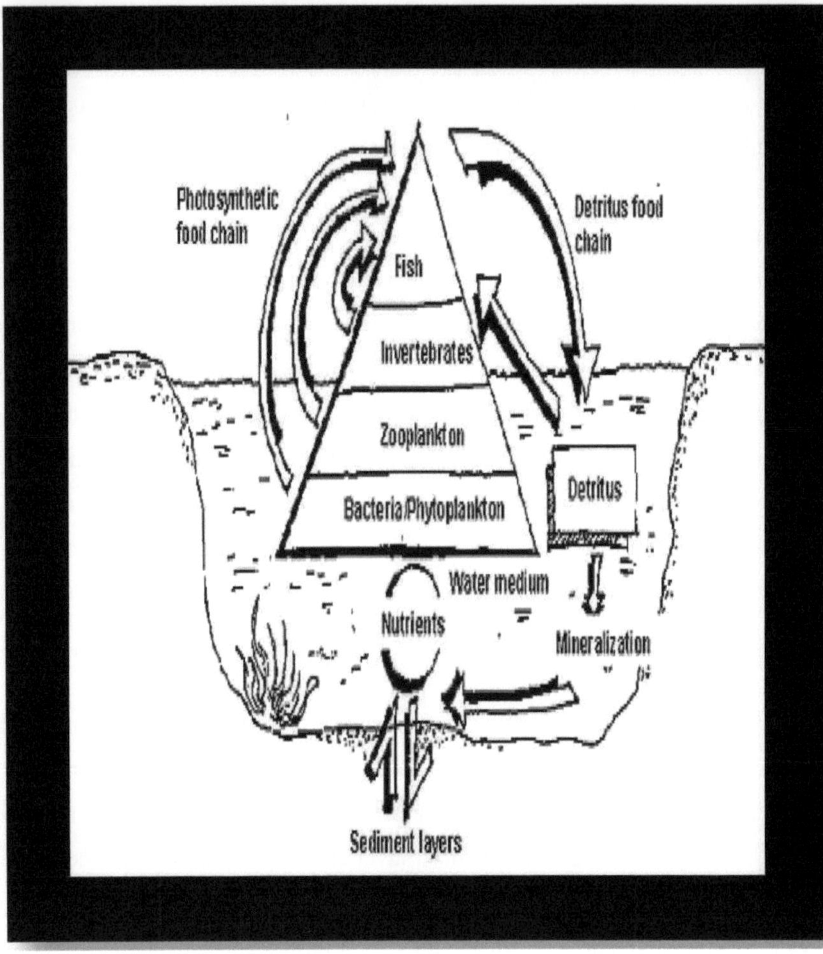

Fluxo de energia no ecossistema aquático

Portanto, o número de indivíduos dentro de uma população de robalo e bluegills que um tanque pode suportar depende diretamente da quantidade de comida disponível. Deve ser entendido que um tanque, como outros ecossistemas, terá um equilíbrio entre predadores e presas, e este equilíbrio é necessário para manter a natureza homeostática (estado relativamente estável de equilíbrio) do ecossistema.

Pode dizer-se que um ecossistema mantém um estado de equilíbrio dinâmico. Os números e as espécies de organismos dentro do sistema mudam constantemente.

As populações aumentam e diminuem, dependendo da oferta de alimentos e de outros factores bióticos e abióticos.

Mesmo com este sistema dinâmico, um estado de equilíbrio é quase sempre mantido através de uma variedade de factores auto-reguladores que incluem relações predador-presa, taxas de mortalidade, taxas de natalidade e quantidade de habitat.

Ecossistema criado pelo homem: Ecossistema artificial

- Um sistema em que existe uma interação significativa entre organismos vivos e não vivos é designado por ecossistema. Um ecossistema pode ser de dois tipos: terrestre e aquático, consoante o local onde se encontra.

- Um ecossistema florestal é um exemplo de ecossistema terrestre e uma lagoa é um exemplo de ecossistema aquático. Cada ecossistema é único na sua composição e contém várias espécies e o número de espécies que interagem em cada ecossistema varia em função da dimensão do ecossistema.
- Um ecossistema que é criado e controlado pelos seres humanos, mas que satisfaz todos os critérios de um ecossistema, é designado por ecossistema artificial. Sem a intervenção e a supervisão humanas, um ecossistema criado pelo homem desintegrar-se-á. Um ecossistema criado pelo homem é comparativamente menos complexo do que um ecossistema natural. Exemplos de ecossistemas artificiais incluem sistemas baseados na agricultura, como uma horta, pomares; produtos do desenvolvimento da terra, como um lago, canais, parque; produtos de observação e requisitos vivos, como um aquário, um edifício e uma cidade.
- Os ecossistemas artificiais são criados para imitar os ecossistemas naturais.
- No ecossistema natural, os componentes são criados e regidos pelas leis biológicas, por exemplo, os predadores alimentam-se das presas, ao passo que no ecossistema artificial tudo tem de ser planeado e executado. A proporção dos componentes do ecossistema deve ser definida de forma adequada para manter o equilíbrio do ecossistema artificial.
- Os factores como o número e o tipo de animais e plantas, o conteúdo do solo, a temperatura, a quantidade de luz solar, a entrada de energia, a quantidade de água, os limites do ecossistema, etc. devem ser bem definidos para o ecossistema artificial, caso contrário, o ecossistema não se pode sustentar. Todos e cada um dos componentes do ecossistema artificial devem ser fornecidos externamente pelo

homem.

Ecossistema criado pelo homem: Aquário

- É muito difícil encontrar um ecossistema aquático perfeitamente equilibrado criado pelo homem, mas podemos fazer um aquário em casa e observar como os organismos aquáticos interagem uns com os outros num ecossistema e como este funciona.
- O aquário é um ecossistema criado pelo homem que consiste num tanque de vidro ou numa tigela cheia de água e que suporta organismos vivos, como peixes e algumas pequenas plantas, e é designado por aquário e representa um ecossistema aquático em pequena escala.
- O aquário sobrevive com base no teor de oxigénio dissolvido e os peixes são os organismos dominantes neste ecossistema. Todos os organismos vivos (peixes, plantas fúngicas, etc.) e não vivos (areia, água) neste ecossistema criado pelo homem interagem estreitamente entre si e a alteração do conteúdo de uns afecta significativamente os outros.

Ecossistema aquático criado pelo homem Aquário

Como é que um ecossistema funciona?

A energia do sol é a força motriz de um ecossistema. Esta energia luminosa é captada pelos produtores primários (principalmente plantas verdes e algas) e convertida, através de um processo denominado fotossíntese, em energia química, como os hidratos de carbono.

A energia química é então utilizada pelas plantas para realizar uma variedade de funções, incluindo a produção de partes da planta, como folhas, caules e flores. As matérias-primas utilizadas para este fim são os nutrientes (por exemplo, azoto, fósforo, oxigénio e cálcio): substâncias necessárias para o crescimento de todas as plantas e animais.

Os animais são incapazes de efetuar a fotossíntese. Por isso, alimentam-se de plantas, de outros animais ou de tecidos mortos para obterem a energia e os nutrientes de que necessitam. Nos ecossistemas, a transferência de energia e de nutrientes das plantas para os animais ocorre ao longo de vias designadas por cadeias alimentares. O primeiro elo de uma cadeia alimentar é constituído pelos produtores primários: plantas verdes e outros organismos capazes de realizar fotossíntese.

Os organismos que se alimentam de plantas, conhecidos como consumidores primários, são o elo seguinte da cadeia alimentar. Estes, por sua vez, são consumidos por consumidores secundários: carnívoros (que comem carne) ou omnívoros (que comem plantas e animais). Os decompositores, como as bactérias e os fungos, constituem o último elo da cadeia alimentar. Estes decompõem os tecidos e as células mortas, fornecendo nutrientes para uma nova geração de produtores.

A maioria dos organismos num ecossistema tem mais do que uma fonte de alimento (por exemplo, os peixes alimentam-se tanto de insectos como de plantas) e, portanto, pertencem a mais do que uma cadeia alimentar. A consequente sobreposição de cadeias alimentares constitui as teias alimentares: fenómenos complexos com ligações que estão em constante mudança.

Qual é o significado de uma substância tóxica para a teia alimentar?

Uma substância tóxica é uma substância que pode causar danos ao ambiente ou à vida humana. A maioria é sintética e inclui PCBs, pesticidas, dioxinas e furanos.

Algumas substâncias tóxicas podem entrar numa teia alimentar e ser transferidas através dela. A absorção de qualquer substância ambiental por um organismo é designada por bioconcentração. Embora os nutrientes absorvidos através deste processo sejam normalmente convertidos em proteínas ou excretados como resíduos, muitos compostos tóxicos acumulam-se na gordura ou em determinados órgãos (por exemplo, o fígado) dos animais.

À medida que os organismos contaminados são comidos por outros, as substâncias tóxicas são transferidas para níveis superiores na teia alimentar e tornam-se mais concentradas, por vezes até níveis nocivos. Este processo é designado por biomagnificação. As espécies que se encontram no nível superior da teia alimentar, incluindo os seres humanos, estão frequentemente sujeitas a concentrações mais elevadas de substâncias tóxicas do que as que se encontram na base.

O facto de as substâncias tóxicas atingirem níveis nocivos é um sinal de que o ecossistema aquático não é saudável.

O que se entende por "ecossistema aquático insalubre"?

Os ecossistemas aquáticos saudáveis são aqueles em que as perturbações humanas não prejudicaram o funcionamento natural (por exemplo, o ciclo de nutrientes) nem alteraram sensivelmente a estrutura (por exemplo, a composição das espécies) do sistema.

Um ecossistema aquático não saudável é aquele em que o estado natural está desequilibrado.

Estas perturbações podem ser físicas (p. ex., injeção de água anormalmente quente num curso de água), químicas (p. ex., introdução de resíduos tóxicos em concentrações nocivas para os organismos) ou biológicas (p. ex., introdução e propagação de espécies animais ou vegetais não nativas). Os sintomas de má saúde do ecossistema incluem os seguintes:

O que é a perda de espécies????

- A proliferação acelerada de organismos. Um exemplo é a proliferação de algas causada por um excesso de compostos de fósforo e azoto na água. Esta situação é designada por "eutrofização".
- Aumento da incidência de tumores ou deformações nos animais.
- Uma alteração das propriedades químicas. Talvez uma das mais significativas tenha sido a redução do pH da água causada pela chuva ácida.
- A presença de certos organismos que indicam condições não higiénicas. As bactérias coliformes, por exemplo, são um sinal de que o sistema pode conter organismos que causam uma variedade de doenças humanas, como a diarreia, a febre tifoide e a cólera.
- A perda da cultura tradicional aborígene associada ao ecossistema.
- Muitos sintomas de má saúde do ecossistema ocorrem simultaneamente. Por exemplo, o aumento da acidez do lago pode matar certas espécies, permitindo assim a proliferação temporária de espécies mais tolerantes à acidez.

Relação entre as pessoas e o ecossistema aquático

Sem os biomas de água doce, tu e eu não estaríamos vivos. Os ecossistemas de água doce são importantes porque nos fornecem água para beber, energia e transportes, actividades recreativas, como a navegação e a pesca, e muitos empregos, como o de pescadores e investigadores. Uma das formas como as pessoas utilizam os rios é para produzir energia hidroelétrica. Quando a água passa por uma barragem e entra num rio abaixo, é produzida eletricidade. Um dispositivo no interior da barragem, chamado turbina, utiliza ímanes, metal e o movimento da água para produzir eletricidade. Quando uma barragem é construída, é criado um lago artificial atrás da barragem.

As barragens podem ser vistas como boas e más. As barragens podem fornecer energia livre de poluição e criar lagos para as pessoas desfrutarem, mas também podem prejudicar o ambiente. O salmão é uma espécie que utiliza os rios para desovar e é frequentemente afetado pelas barragens. As zonas húmidas são também um tipo importante de ecossistema de água doce. Podem ser encharcadas e malcheirosas, mas constituem um habitat essencial para toneladas de plantas e animais, ajudam a limpar a água, controlam as cheias e fornecem alimentos aos seres humanos.

Porque é que é nosso dever manter a saúde do ecossistema aquático?

Como tudo está interligado, quando um ecossistema está desequilibrado, os seres humanos acabam por sofrer também. A nossa saúde e muitas das nossas actividades dependem da saúde dos ecossistemas aquáticos. A maior parte da água que bebemos é retirada de lagos ou rios. Se o sistema lacustre ou fluvial não for saudável, a água pode ser imprópria para beber ou inadequada para a indústria, agricultura ou recreio, mesmo após tratamento. Os usos dos ecossistemas aquáticos são prejudicados quando estes sistemas não são saudáveis. Seguem-se alguns exemplos. A pesca comercial interior e costeira foi encerrada devido à contaminação de peixes ou mariscos ou à perda de uma espécie importante do sistema.

A frequência do encerramento de praias urbanas tem aumentado devido à contaminação por fezes de animais e resíduos médicos.

Os problemas de navegação das embarcações de recreio, causados pela rápida expansão das plantas aquáticas enraizadas no fundo, aumentaram.

A proliferação de espécies não nativas tem criado problemas. Um exemplo recente é a rápida expansão da população de mexilhões-zebra, introduzida nos Grandes Lagos a partir das águas de lastro de um cargueiro europeu. Os mexilhões-zebra têm poucos predadores naturais e, como a fêmea pode produzir 30 000 ovos por ano, prevê-se que se espalhem pela maior parte dos sistemas de água doce da América do Norte. Esta espécie de mexilhão já está a obstruir as condutas de entrada de água para tratamento industrial e municipal, a revestir barcos e cais e a provocar o encerramento de praias.

Importância dos diferentes tipos de ecossistemas aquáticos

O estudo do ecossistema aquático ajuda a compreender a biodiversidade (flora e fauna) do ecossistema aquático e a sua interação com o ambiente físico e químico: A sobrepesca, o transporte, a eliminação de resíduos, a recreação e outras actividades que podem prejudicar o ecossistema.

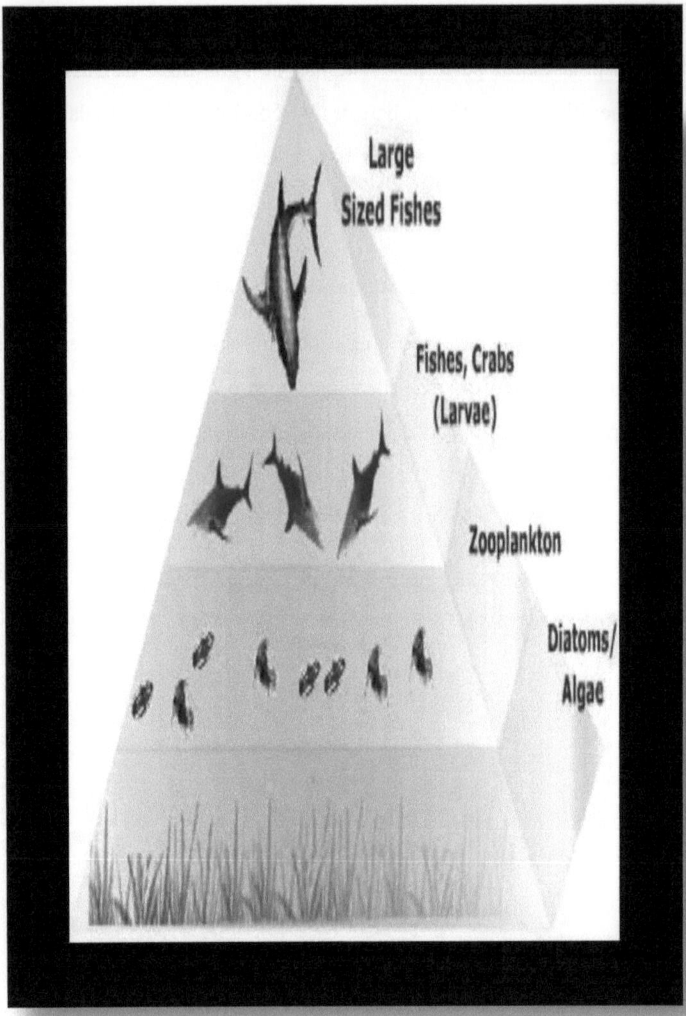

Organismos no ecossistema aquático

Qual é a gama de organismos encontrados nos ecossistemas aquáticos?

Um animal aquático é um animal, vertebrado ou invertebrado, que vive na água durante a maior parte ou a totalidade da sua vida.

Vertebrados Os vertebrados incluem os peixes sem mandíbula e os vertebrados com mandíbula, que incluem os peixes cartilaginosos (tubarões e raias) e os peixes ósseos. Um clado de peixes ósseos conhecido como peixes com barbatanas lobadas inclui os tetrápodes, que se dividem em anfíbios, répteis, mamíferos e aves. Os vertebrados existentes variam em tamanho, desde a espécie de rã Paedophryne amauensis, com apenas 7,7 mm (0,30 in), até à baleia azul, com até 33 m (108 ft). Os vertebrados constituem cerca de 4% de todas as espécies animais descritas; as restantes são invertebrados, que não têm coluna vertebral.

Invertebrados Os invertebrados são espécies animais que não possuem ou não desenvolvem uma coluna vertebral, derivada da notocorda (ou seja, todos os animais com exceção do subfilo Vertebrata).

Os ecossistemas aquáticos contêm geralmente uma grande variedade de formas de vida, incluindo bactérias, fungos e protozoários; organismos que vivem no fundo, como larvas de insectos, caracóis e vermes; plantas e animais microscópicos que flutuam livremente, conhecidos como plâncton; plantas de grande porte, como taboas, juncos, gramíneas e canas; e também peixes, anfíbios, répteis e aves.

Os vírus são também uma parte significativa da ecologia microbiana nas águas naturais e demonstrou-se recentemente que desempenham um papel importante nos ciclos dos nutrientes e da energia.

Os conjuntos destes organismos variam de um ecossistema para outro porque as condições de habitat únicas de cada tipo de ecossistema tendem a afetar a distribuição das espécies. Por exemplo, muitos rios são relativamente ricos em oxigénio e de fluxo rápido em comparação com os lagos. As espécies adaptadas a estas condições particulares dos rios são raras ou ausentes nas águas paradas dos lagos e lagoas. Um ecossistema aquático é um ecossistema numa massa de água. As comunidades de organismos que dependem uns dos outros e do seu ambiente vivem nos ecossistemas aquáticos.

Plantas

As plantas e as algas são importantes para os biomas de água doce porque fornecem oxigénio através da fotossíntese e alimento para os animais deste bioma. Deliciosas algas. De facto, aquela espuma viscosa que se vê na superfície de uma lagoa ou lago é o almoço de muitos dos teus animais aquáticos favoritos, como as tartarugas. Em riachos e rios rápidos, muitas plantas têm estruturas especiais que as impedem de serem levadas pela água. Algumas plantas aquáticas têm raízes fortes que as mantêm firmemente ancoradas, enquanto outras têm caules que se dobram facilmente com o movimento da água. Certos musgos são capazes de se agarrar às rochas. As plantas que vivem em águas paradas têm adaptações diferentes. Os nenúfares, as algas e as lentilhas flutuam à superfície.

As taboas e os juncos crescem ao longo da orla costeira de muitos ecossistemas de água doce. Os estuários albergam plantas com a adaptação única de serem capazes de sobreviver em ambientes frescos e salgados. Os mangais e os pickleweed são apenas alguns exemplos de plantas estuarinas.

Animais

Muitos animais vivem em ecossistemas de água doce. Alguns precisam do movimento da água do riacho ou do rio para sobreviver. Em águas de movimento rápido, os animais que têm de se agarrar às rochas e ao fundo podem ter estruturas semelhantes a ventosas nos seus corpos. Outros desenvolvem-se em ambientes de águas paradas, como os lagos. Há uma grande variedade de peixes, aves, insectos, anfíbios e crustáceos que fazem dos biomas de água doce a sua casa. Um importante animal de água doce nos Estados Unidos é a truta.

Muitas pessoas gostam de pescar e comer trutas. As trutas vivem tanto em riachos como em rios. Alimentam-se de peixes e insectosOs estuários são ricos em vida animal e são frequentemente uma área protegida onde os animais juvenis procuram refúgio. Os estuários são ricos em vida animal e são muitas vezes zonas protegidas onde os animais juvenis procuram refúgio. Há também uma variedade de animais que vivem nos estuários e que as pessoas gostam de comer, por exemplo, amêijoas, camarões e muitos peixes.

Bentos

Os organismos associados à interface sólido-líquido são normalmente designados por Benthos (Haeckel, 1891). O termo bentos deriva de duas palavras gregas "Ben" que significa "o conjunto de organismos que vivem no mar ou nos lagos" e "Thos" "o fundo do mar ou dos lagos". Hutchinson (1967) definiu bentos como uma associação de espécies de plantas e animais que vivem no fundo de uma massa de água.

A fauna bentónica é especialmente importante para as pescas, uma vez que ela própria serve de alimento aos peixes que se alimentam no fundo (Walker et al., 1991; Vijaykumar et al., 1991), constituindo uma parte importante da cadeia alimentar. O bentos desempenha um papel fundamental no fluxo natural de energia e nutrientes. Quando os invertebrados bentónicos morrem, decompõem-se, deixando para trás nutrientes que são reutilizados pelas plantas aquáticas e outros animais.

Podem ser encontrados em fontes termais, pequenos lagos e grandes lagoas. Alguns encontram-se mesmo no solo por baixo de poças de água. Muitas espécies de bentos são capazes de se deslocar e expandir a sua distribuição, flutuando com as correntes para um novo local durante a fase aquática da sua vida ou voando para um novo curso de água durante a sua fase terrestre. A maioria das espécies bentónicas pode ser encontrada durante todo o ano, mas o maior número ocorre na primavera, imediatamente antes do período reprodutivo. Nos meses mais frios, muitas espécies enterram-se profundamente na lama ou permanecem inactivas nas superfícies rochosas. Muitos insectos aquáticos sofrem uma metamorfose completa - a transição de ovo para larva, para pupa e finalmente para adulto. Permanecem na água durante a maior parte das suas vidas (tipicamente de um mês a quatro anos). Depois de se tornarem adultos, a maioria dos insectos vive apenas por um curto período de tempo, geralmente de algumas horas a alguns dias, enquanto encontram parceiros e se reproduzem.

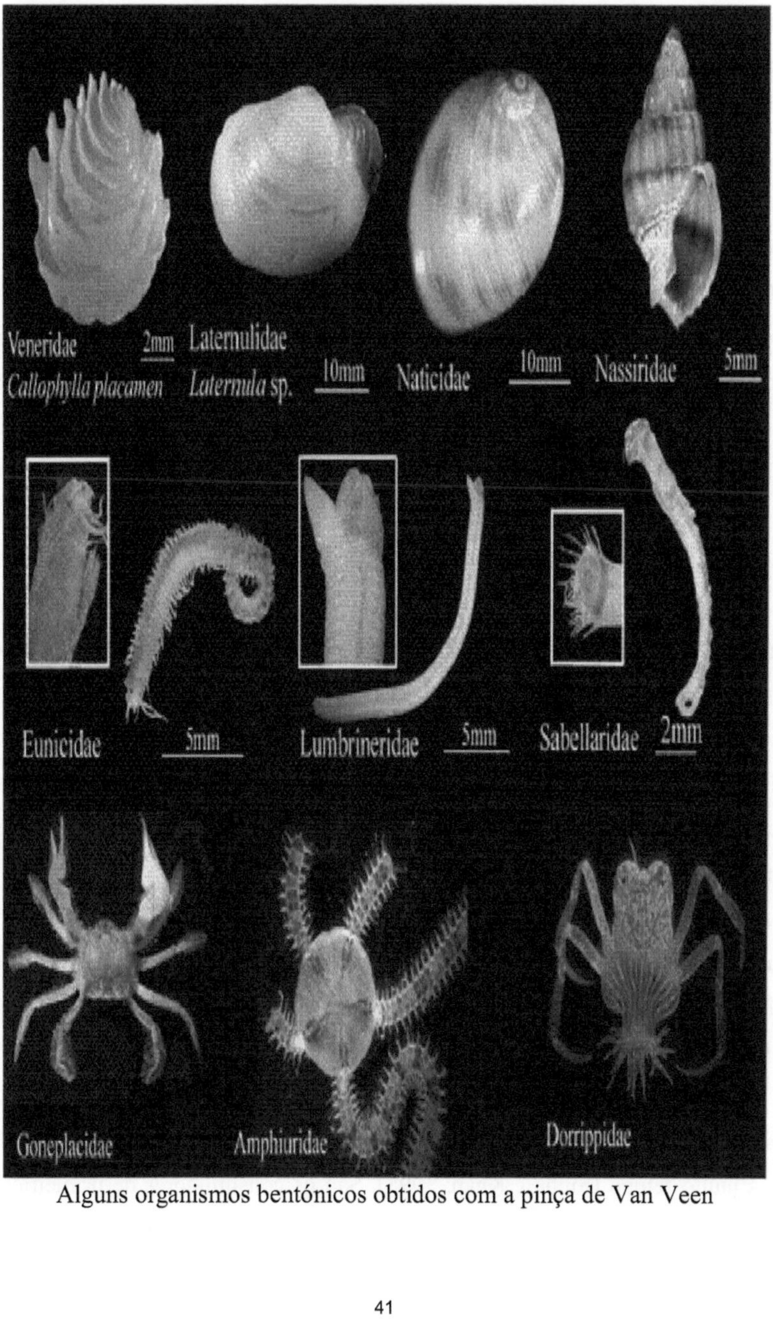

Alguns organismos bentónicos obtidos com a pinça de Van Veen

Entre os taxa invertebrados, os bentos são sensíveis a poluentes como os metais e os resíduos orgânicos. As moscas-das-maiças, as moscas-das-pedras e as moscas-caddis são geralmente intolerantes à poluição, mas algumas espécies podem sobreviver em boas concentrações de oxigénio em massas de água moderadamente poluídas. Os macroinvertebrados dos cursos de água têm sido amplamente utilizados para a monitorização biológica de numerosas pressões ambientais (Rosenberg e Resh, 1993).

Os bentos são sensíveis ao estado da bacia hidrográfica e apresentam uma estabilidade suficiente na estrutura do conjunto ao longo do tempo para os tornar úteis como monitor a longo prazo do estado dos cursos de água (Richards e Minshell, 1992) e como indicador da qualidade da água (Gauffin e Tarwell, 1952; Wilhm e Dorris, 1968 e Resh, 1995). Hynes (1961) referiu que a densidade de bentos numa massa de água é um índice útil da qualidade da água, embora a densidade possa flutuar muito com as mudanças das estações e do espaço. Algumas formas bentónicas são frequentemente consideradas como o melhor indicador da poluição orgânica devido à sua presença constante, à sua duração de vida relativamente longa, aos seus hábitos sedentários e à sua tolerância ao stress do habitat (Webber et.al., 1989). Segundo Brinkhurst (1974), a comunidade de invertebrados bentónicos num lago tem sido utilizada como indicador da fertilidade do lago e até como base para a sua classificação (Johnson et. al., 1990). O conhecimento do bentos litoral também se torna mais importante devido à crescente influência humana no ecossistema aquático.

Além disso, o efeito da poluição ou, mais ainda, o efeito da regulação do nível da água não pode ser compreendido ou mesmo previsto sem o conhecimento do estado natural da zona litoral.

Os Cladocera bentónicos compreendem um conjunto de espécies que ocupam vários habitats litorais e profundos. A importância dos cladóceros na dinâmica trófica dos sistemas de água doce, sendo o principal componente do bentos, é reconhecida desde há muito tempo (Sinha e Khan, 1998). São os consumidores de primeira ordem, retirando diretamente a energia dos produtores primários do ecossistema, nomeadamente o fitoplâncton. Por sua vez, constituem o alimento dos peixes planctívoros e de outros invertebrados, transferindo energia para níveis tróficos superiores. Além disso, também foram relatados como indicadores fiáveis da natureza eutrófica das massas de água (Sinha e Khan, 1998; Sharma, 2001).

Os copépodes são consumidores primários e secundários importantes nas cadeias alimentares aquáticas. O seu pastoreio contribui para a transferência da produção primária de algas para níveis tróficos superiores. Por outras palavras, os copépodes podem disponibilizar a matéria orgânica aos níveis tróficos superiores sob a forma de pellets de maiores dimensões, poupando assim a energia de alimentação dos seus predadores.

Os rotíferos são os invertebrados de corpo mole mais importantes do plâncton e do bentos de água doce e, carateristicamente, habitantes de águas interiores (Hutchinson, 1967). Além disso, sabe-se que os membros deste grupo estão presentes em todo o mundo, desde as regiões árcticas e antárcticas até aos trópicos. Os rotíferos ocorrem numa variedade infinita de habitats aquáticos e semi-aquáticos, incluindo as regiões limnéticas e mais profundas dos maiores lagos e das mais pequenas poças.

O corpo dos Oligochaetes está claramente dividido em segmentos que são separados externamente por sulcos distintos. O verme anelídeo vermelho também foi registado em número crescente em águas poluídas com esgotos domésticos. Os oligoquetas são os habitantes mais comuns das águas poluídas. A disponibilidade de alimentos, o ambiente poluído e a ausência de predação podem ser a causa do aumento da população de Oligochetes.

Os dípteros aquáticos são o grupo de invertebrados macrobentónicos mais omnipresente nas regiões tropicais. Devido à sua natureza eutrófica, as larvas de dípteros têm sido utilizadas como indicadores fiáveis de poluição aquática e perturbações conexas.

Os hemípteros aquáticos ocupam um lugar importante na ecologia dos ecossistemas de água doce. São um alimento importante para muitos organismos, incluindo peixes, anfíbios, aves aquáticas e muitos outros animais. Em geral, ocupam um lugar intermédio na cadeia alimentar e, para além de serem comidos, são também frequentemente predadores importantes. Os hemípteros são extremamente importantes no que respeita à produção piscícola. Constituem o alimento primário de muitos peixes selvagens e cultiváveis, o que os torna predadores valiosos, sendo também pragas ocasionais nos viveiros artificiais para piscicultura, onde se alimentam de peixes jovens.

Os efemerópteros (efemerópteros) são considerados espécies "chave" e a sua presença é considerada um indicador importante do estado oligotrófico a mesotrófico (baixo a moderadamente produtivo) das águas correntes. De um ponto de vista ecológico, os Trichoptera são importantes processadores de matéria orgânica. As larvas, pupas e adultos de Trichoptera constituem também um elo importante da cadeia alimentar e têm sido amplamente utilizados pelos entusiastas da pesca da truta como modelos de moscas. A capacidade das larvas de tricópteros para construir caixas a partir da seda e dos materiais circundantes levou à sua diversificação ecológica e à utilização de habitats não disponíveis para outros macroinvertebrados aquáticos.

Plâncton

O termo "Plâncton" foi dado por Victor Hensen em 1887 para designar o conjunto heterogéneo de organismos muito minúsculos e de matéria não viva finamente dividida, a que hoje chamamos seston. Atualmente, o termo plâncton restringe-se a organismos minúsculos, incluindo plantas e animais.

Estes organismos têm um poder de locomoção muito reduzido e, por conseguinte, deslocam-se no corpo de água à mercê dos movimentos da água.

O organismo individual da comunidade de plâncton é designado por plâncton ou plancton. Os organismos vegetais constituem o fitoplâncton e os organismos animais constituem o zooplâncton.

A complexa comunidade planctónica inclui produtores primários, herbívoros, carnívoros, detritívoros e organismos decompositores. Destes, os produtores primários são a base da teia alimentar planctónica e da energia alimentar para outras comunidades aquáticas. São as algas fotossintéticas e as cianobactérias, às quais se juntam ocasionalmente outras bactérias fotossintéticas.

O fitoplâncton é considerado como o principal produtor primário de qualquer ambiente aquático (Vollenweider, 1968; Wetzel, 1975), que fixa a energia solar através do processo de fotossíntese, assimilando o dióxido de carbono para produzir hidratos de carbono, servindo assim como um elo importante entre os factores abióticos e o biota num ecossistema aquático (Saha et al., 2000). O fitoplâncton, enquanto parâmetro, tem maior importância do ponto de vista ecológico (Kumar e Gupta, 2002). No presente estudo, o fitoplâncton compreende cinco grupos principais, nomeadamente Myxophyceae (algas azuis-verdes), Chlorophyceae (algas verdes), Desmidiaceae (Desmídeos), Bacillacriophyceae (Diatomáceas) e Euglenophyceae (Englenoides).

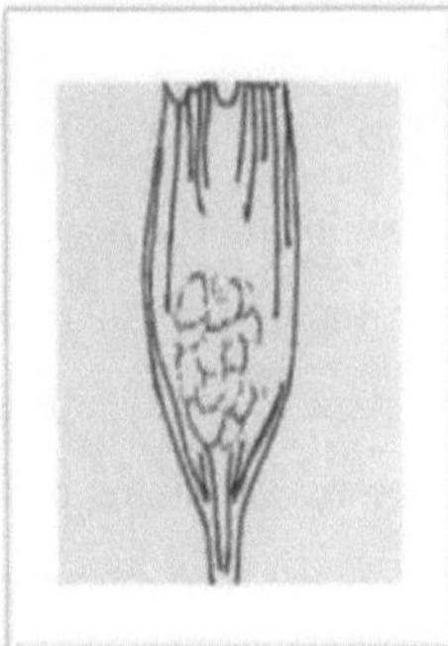

Notholca sp.

Filinia longiseta

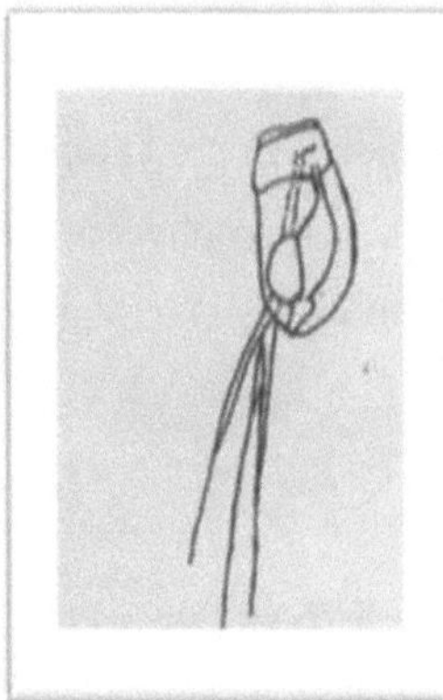

Moina micrura

Organismos aquáticos

As mixofíceas são formas unicelulares, filamentosas e coloniais, e a maioria está envolta em bainhas mucilaginosas, quer individualmente quer em colónias (Wetzel, 1983). Têm sido objeto de grande atenção devido à sua relativa escassez e à ausência de outros grupos de algas. A sua presença e abundância indicam a natureza eutrófica da massa de água (Seenayya e Zafar, 1981 e Gaur, 1994).

As consequências mundiais da eutrofização causada pelo homem são um problema crescente, especialmente em lagos e reservatórios pouco profundos. Este facto está frequentemente relacionado com a proliferação de cianobactérias, muitas das quais são capazes de produzir substâncias tóxicas ou restringir a utilização destas águas (Pearl e Ustoch, 1982). As clorofíceas são um grupo de algas extremamente grande e morfologicamente diverso, com uma distribuição quase exclusivamente em água doce (Wetzel, 1983). Nas águas doces, as clorofíceas constituem o principal grupo de fitoplâncton.

Gonzalves e Joshi (1946) apoiam o ponto de vista de que uma concentração mais elevada de oxigénio dissolvido na água é favorável ao desenvolvimento de clorococcales. Gonzalves e Joshi (1946) também apoiaram o ponto de vista de Howland (1931), que encontrou um grande número de clorofíceas quando o pH da água era elevado.

As Euglenophyceae são unicelulares, não possuem uma parede celular distinta e possuem um, dois ou três flagelos (Wetzel, 1983). São facultativas e geralmente abundantes em águas ricas em matéria orgânica.

As Desmidiaceae são plantas exclusivamente de água doce e não se encontra uma única espécie no mar (Plaskitt, 1997). Encontram-se tipicamente em turfeiras ácidas, em águas muito diluídas com baixo teor de electrólitos e em lagos oligotróficos. Hutchinson (1975) referiu que as águas que possuíam desmídias como grupo dominante eram, em termos químicos, distintas das que eram ricas em diatomáceas e algas verdes azuis.

As diatomáceas são o alimento preferido de muitos organismos aquáticos do nível trófico superior, constituindo assim a base de pescarias produtivas. As diatomáceas constituem o grupo mais importante de algas, embora a maioria das espécies seja séssil e associada ao substrato litoral (Wetzel, 1983). Em águas doces, encontram-se normalmente em lagos, lagoas, ribeiros, rios, reservatórios e tanques de sedimentação. São geralmente organismos que flutuam livremente, formando florescências aquáticas ou, por vezes, encontram-se a habitar no fundo e estão incluídos no bentos.

O fitoplâncton desempenha um papel fundamental na regulação da produtividade do ecossistema. O papel das algas, como principal fonte de alimento para os peixes, a sua capacidade de fixar o azoto atmosférico e de determinar a qualidade da água está agora bem estabelecido.

Insectos

Os insectos que vivem na água são designados por insectos aquáticos. Existem muitos tipos diferentes de insectos aquáticos, uma vez que quase todos os tipos de habitats de água doce, desde poças a rios e lagos, incluindo habitats lênticos e lóticos, podem albergar várias espécies de insectos aquáticos. Quase não existem insectos associados ao ambiente marinho (Cheng, 1985; Glausiusz, 1997; Daly, 1998). A diversidade de insectos nas águas lênticas tende a aumentar com o aumento dos nutrientes (Daly, 1998). Trata-se de águas pouco profundas, próximas da costa, onde a luz atinge o fundo.

Os insectos aquáticos são categorizados de acordo com a forma como obtêm alimento para estudar a ecologia dos ecossistemas de água doce. Estas categorias são designadas por grupos funcionais de alimentação. Os raspadores têm peças bucais especiais que removem as algas que crescem na superfície da rocha ou de outros objectos sólidos. Os colectores adquirem pequenos pedaços de materiais vegetais em decomposição. Alguns utilizam pêlos longos na cabeça ou nas pernas ou redes de seda para filtrar estas pequenas partículas da água. Alguns colectores utilizam as suas peças bucais para recolher as partículas finas que se encontram no fundo e empurram esse material para a boca. Os trituradores têm peças bucais destinadas a mordiscar pedaços de vegetação macia, como folhas, flores ou ramos, e a triturar esse material.

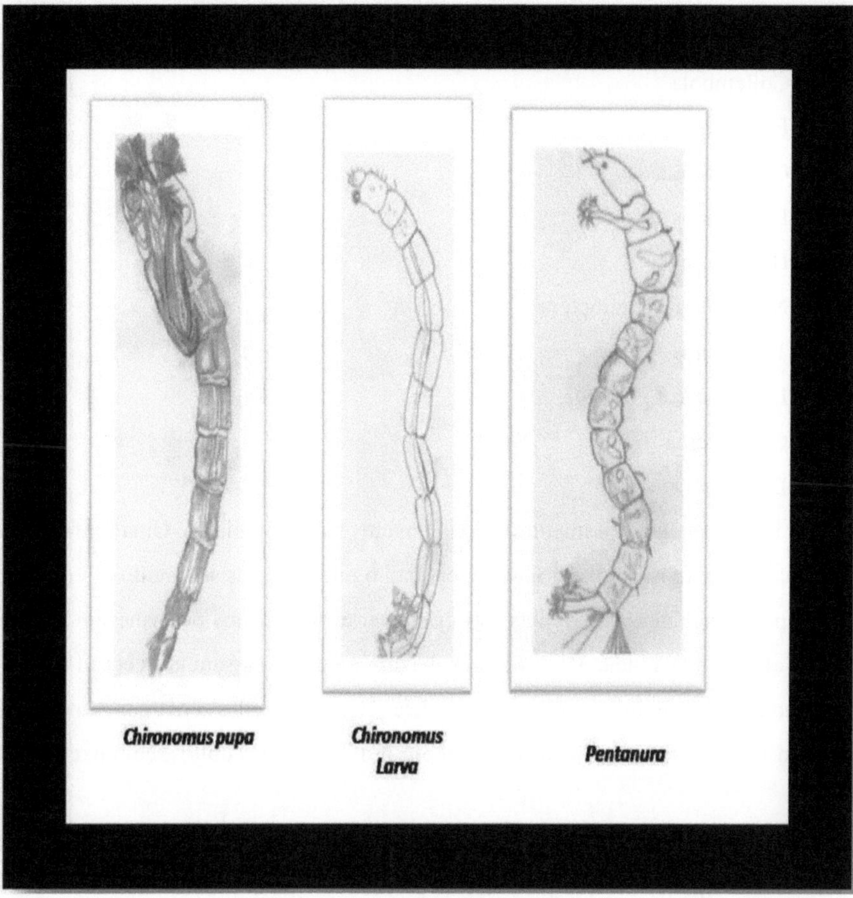

Inseto aquático

Apenas alguns tipos de insectos se alimentam de partes de plantas vivas. Os insectos predadores alimentam-se de outros animais que estão vivos por cima.

Os insectos verdadeiramente aquáticos são aqueles que passam algumas partes do seu ciclo de vida intimamente associados à água, quer vivendo abaixo da superfície, quer deslizando ao longo da superfície da água. Os insectos aquáticos podem ser encontrados nas seguintes ordens taxonómicas

(i) Collembola

(ii) Ephemeroptera

(iii) Odonata

(iv) Plecópteros

(v) Hemípteros

(vi) Neuroptera/Megaloptera

(vii) Tricópteros

(viii) Lepidópteros

(ix) Coleópteros

(x) Dípteros

Os insectos aquáticos imaturos são chamados larvas ou ninfas. Uma ninfa parece-se um pouco com a fase adulta do inseto, enquanto que as larvas são muito diferentes do adulto. Após a metamorfose, muitas espécies de insectos adultos permanecem na água, passando aí toda a sua vida. Muitas outras deixam a água e passam a viver em terra. Os insectos aquáticos com metamorfose incompleta (Hemimetábolos) emergem do ovo com um aspeto muito semelhante a uma versão em miniatura dos adultos, com exceção das asas.

O outro tipo de metamorfose é a completa (Holometábolo). Os insectos aquáticos imaturos com metamorfose completa não se parecem em nada com os adultos em que se transformam.

Os insectos aquáticos são importantes por várias razões. Na indústria da pesca, muitas iscas são concebidas para imitar vários insectos aquáticos, especialmente na pesca com mosca (McCafferty, 1981). Os insectos aquáticos constituem uma grande parte da biomassa da água doce e são um elo importante na transferência de energia no ecossistema aquático. Consomem outros invertebrados, pequenos peixes, plantas aquáticas, algas, detritos e matéria em decomposição. Os insectos aquáticos são também uma importante fonte de alimento para aves, peixes, répteis e anfíbios. Os insectos aquáticos são essenciais na dieta de muitos peixes de água doce porque são, em grande medida, responsáveis pela conversão de material vegetal em tecido animal nos ecossistemas de água doce. Assim, podem ser de imensa importância na cadeia alimentar que conduz à produção de peixe.

Assim, o grau em que um ambiente aquático é capaz de suportar a gestão das pescas depende de estudos interactivos que incluam a entomologia aquática. No entanto, certos insectos aquáticos são motivo de preocupação na gestão das pescas, porque são predadores. Muitas libélulas, insectos aquáticos, moscas dobson, escaravelhos aquáticos e alguns outros atacarão prontamente pequenos peixes e alevins, embora tal predação seja provavelmente de menor importância na maioria dos casos.

Os insectos são também considerados como organismos promissores na bio-monitorização da poluição devido à sua sensibilidade à qualidade da água. São um indicador muito mais fiável da poluição do que outros animais como os peixes, devido à maior variedade de espécies de insectos que representam uma gama completa de tolerância à qualidade da água. Este facto permite aos investigadores serem mais específicos quanto ao tipo de poluentes encontrados em determinados cursos de água. Podem revelar muito sobre o estado de saúde de um riacho, lagoa, rio ou lago. São particularmente sensíveis à qualidade da água, como a quantidade de oxigénio dissolvido.

Muitos insectos aquáticos da ordem Diptera, tais como mosquitos, mosquitos, moscas negras e mosquitos picadores, são pragas para os seres humanos e outros animais (Lehmkuhl, 1979; Mc Cafferty, 1981). Alguns dípteros, nomeadamente os mosquitos, são também vectores de doenças, que incluem a malária, a encefalite e a febre amarela (McCafferty, 1981). Os Odonata adultos podem reduzir grandemente a população de mosquitos adultos (Daly, 1998), e os escaravelhos mergulhadores predadores e vários outros insectos aquáticos predadores podem reduzir a população de mosquitos alimentando-se das suas larvas (Mc cafferty, 1981). Os mosquitos alimentam-se de tapetes de algas e de sedimentos nas instalações de tratamento de águas residuais, o que ajuda a mantê-las a funcionar corretamente (Mc Cafferty, 1981). As moscas-das-traças alimentam-se de películas de algas no sistema de filtragem das estações de tratamento de águas residuais para evitar o seu entupimento (Mc Cafferty, 1981). Alguns insectos aquáticos herbívoros têm potencial para serem utilizados como controlo biológico de plantas aquáticas invasoras (Mc Cafferty, 1981).

Os ecossistemas aquáticos estão sujeitos a uma pressão crescente devido a vários tipos de perturbações (Tachet et al., 2003). Os sistemas de qualidade da água foram criados para fazer face a esta ameaça e para preservar a biodiversidade e muitos utilizam macro invertebrados como indicadores (Rosenberg e Resh, 1993). Os insectos são muitas vezes bons indicadores porque estão presentes, de alguma forma, em quase todos os tipos de habitats e muitos são especialistas em habitats (Lewis e Gripenberg, 2008). Embora a falta de dados tenha historicamente excluído a utilização de muitos taxa como possíveis indicadores (Sahlen e Ekestubbe, 2001), um número crescente de estudos sobre os hábitos e o padrão de distribuição de certos insectos está a tornar a sua utilização cada vez mais adequada.

Os insectos aquáticos, em particular os membros das ordens Ephemeroptera, Plecoptera, Tricoptera e Diptera (Dudgeon, 1999), estão entre os grupos de bio-indicadores mais comummente escolhidos e utilizados na avaliação ambiental, porque fornecem informações mais precisas sobre as condições em mudança do que os dados químicos e microbiológicos, que fornecem flutuações a curto prazo (Persoone e De Pauw, 1979). Algumas das razões convincentes para a aparente popularidade dos insectos aquáticos na prática atual de biomonitorização são o facto de serem omnipresentes, ricos em espécies, de vida longa e a sua capacidade de integrar as condições temporais. Os insectos aquáticos mais sensíveis à poluição da água são os efemerópteros (efemerópteros), os plecópteros (mosca da pedra) e os tricópteros (caddisfly).

De acordo com Hynes (1960), as ninfas e larvas de moscas-das-pedras, efemérides e caddisflies são componentes integrais da fauna bentónica dos cursos de água relativamente pouco perturbados.

Os insectos aquáticos são também utilizados em trabalhos de bio-ensaio. Os bioensaios laboratoriais são realizados para determinar os efeitos toxicológicos nos insectos aquáticos. Estes bioensaios são normalmente utilizados para determinar os efeitos em espécies de insectos aquáticos não visadas, pelo que têm uma relação direta com a proteção do ambiente. Foi demonstrado que factores ecológicos como a eutrofização e a poluição, a qualidade e a quantidade de vegetação aquática, a textura do substrato do lago (Pandit, et al.,1991) e as caraterísticas físico-químicas da água (Das e Bishat (1979)) afectam a distribuição e a abundância relativa de insectos aquáticos, incluindo formas benéficas de insectos e escaravelhos em lagos Kumoun de água fria.

Sugeriu ainda que o período de abundância de Hemiptera aquáticos coincidia com o período de desova de alguns peixes importantes.

Perifíton

Mistura complexa de algas, cianobactérias, micróbios heterotróficos e detritos que se encontra agarrada a superfícies submersas na maioria dos ecossistemas aquáticos. Serve como uma importante fonte de alimento para invertebrados, girinos e alguns peixes.

Pode também absorver contaminantes, removendo-os da coluna de água e limitando o seu movimento através do ambiente. O perifíton é também um importante indicador da qualidade da água; as respostas desta comunidade aos poluentes podem ser medidas numa variedade de escalas que representam alterações fisiológicas a nível da comunidade. Assim, o perifíton tem sido frequentemente utilizado como sistema experimental, por exemplo, em estudos de tolerância da comunidade à poluição.

As comunidades de perifíton são utilizadas em sistemas de produção de alimentos em aquacultura para a remoção de poluentes sólidos e dissolvidos. O seu desempenho na filtração está estabelecido e a sua aplicação como alimento para aquacultura está a ser investigada.

Um risco para o perifíton decorre da urbanização. O aumento dos níveis de turbidez associado à expansão urbana pode sufocar o perifíton, provocando o seu desprendimento das rochas em que vive. Pode ser importante para a eliminação de produtos químicos nocivos e para a redução da turbidez.

O perifíton é um indicador da qualidade da água porque:

- Apresenta um número naturalmente elevado de espécies.
- Tem uma resposta rápida às mudanças.
- É fácil de recolher amostras.
- É conhecida pela sua tolerância/sensibilidade à mudança.

Macrófita

Uma macrófita é uma planta aquática que cresce dentro ou perto da água e que pode ser emergente, submersa ou flutuante. Nos lagos, as macrófitas fornecem cobertura para os peixes e substrato pararaquáticos invertebrados aquáticos, produzem oxigénio e servem de alimento a alguns peixes e animais selvagens.

O declínio da população de macrófitas pode indicar problemas de qualidade da água. Estes problemas podem ser o resultado de uma turbidez excessiva, de herbicidas ou de salinização. Por outro lado, níveis demasiado elevados de nutrientes podem criar uma superabundância de macrófitas, que podem, por sua vez, interferir com o processamento do lago.

Os níveis de macrófitas são fáceis de amostrar, não requerem análises laboratoriais e são facilmente utilizados para calcular métricas simples de abundância. As macrófitas aquáticas emergentes são definidas como plantas que estão enraizadas em águas pouco profundas com partes vegetativas que emergem acima da superfície da água. Embora algumas macrófitas aquáticas emergentes sejam consumidas pelos seres humanos e cultivadas para este fim, há muito pouco na literatura sobre a forma como isto é praticado. No entanto, existem alguns relatos de observações experimentais.

Existem muitos tipos diferentes de macrófitas emergentes que se encontram normalmente nas águas estagnadas pouco profundas dos países tropicais e subtropicais do mundo. A maioria destas macrófitas cresce naturalmente; algumas, no entanto, são utilizadas para consumo humano e são cultivadas.

Manguezais

Os mangais são vários tipos de árvores até uma altura média e arbustos que crescem em habitats de sedimentos costeiros salinos nos trópicos e subtrópicos, principalmente entre as latitudes 25° N e 25° S.

As restantes áreas de mangais do mundo em 2000 eram de 53.190 milhas quadradas (137.760 km^2), abrangendo 118 países e territórios.

As plantas dos mangais não são uma entidade genética única, porque os tipos de plantas representados na zona das marés não estão todos intimamente relacionados. Assim, embora por vezes pareçam iguais e tenham funções semelhantes, isso diz-nos mais sobre o ambiente em que vivem do que sobre as suas relações familiares. As plantas que crescem na zona das marés também necessitam de adaptações sérias para a sua sobrevivência contínua neste habitat.

No entanto, isto não impede que outras plantas sejam ocasionalmente encontradas na zona de maré. Algumas são agrupadas como 'associadas', onde só ocasionalmente ocorrem em sedimentos intertidais e, na maior parte do tempo, são encontradas noutros locais. Outras também partilham regularmente o nicho das marés, como as plantas dos sapais, mas estas são de menor dimensão. Um certo número de outras, epífitas e parasitas de plantas, empoleiram-se nos ramos e caules dos mangais. Todas estas plantas moldam e definem o habitat dos mangais.

A palavra é utilizada em pelo menos três sentidos:

(1) Para se referir ao habitat e a todo o conjunto de plantas ou mangal, para o qual também são utilizados os termos bioma de mangal, mangue e floresta de mangal,

(2) Referir-se a todas as árvores e arbustos de grande porte do mangal

(3) Para designar a família de plantas dos mangais, as Rhizophoraceae, ou, mais especificamente, as árvores dos mangais do género Rhizophora.

O termo "mangrove" chega ao inglês a partir do espanhol (talvez através do português) e é provável que tenha origem no guarani. Antes era "mangrow" (do português mangue ou do espanhol mangle), mas esta palavra foi corrompida por influência da etimologia popular da palavra "grove". O mangal é uma floresta salina distinta ou um habitat arbustivo caracterizado por ambientes costeiros deposicionais, onde sedimentos finos (frequentemente com elevado teor orgânico) se acumulam em áreas protegidas da ação das ondas de alta energia (Giri, C., 2011).

Peixes

Os peixes são uma classe de vertebrados aquáticos. A combinação de guelras e barbatanas e o facto de viverem apenas na água tornam os peixes diferentes de todos os outros animais.

O seu tamanho varia entre o maior, o tubarão-baleia, com 16 m de comprimento, e o mais pequeno, com 8 mm. A maioria dos peixes tem um esqueleto feito de osso, mas alguns, como os tubarões, têm um esqueleto feito de cartilagem.

À primeira vista, esta pergunta pode parecer fácil de responder, mas é difícil definir o que faz de um peixe um peixe porque há muita diversidade entre os animais que consideramos serem peixes.

Todos os peixes ...

- têm um cérebro protegido por uma caixa craniana e uma região evidente da cabeça com olhos, dentes e outros órgãos sensoriais

A maioria dos peixes ...

- são vertebrados com vértebras que protegem a medula espinal
- vivem na água .
- respiram principalmente por guelras e não por pulmões
- têm membros emparelhados, sob a forma de barbatanas que ajudam na locomoção
- são incapazes de regular a sua própria temperatura corporal interna
- estão cobertos de escamas que protegem o seu corpo

Referências

*Algumas imagens foram retiradas de outras fontes (Internet)

NOAA (2012) - Administração Nacional Oceânica e Atmosférica - Oceano". Noaa.gov. Recuperado em 2012-11-08.

Charette, Matthew; Smith, Walter H. F. (2010). "O volume do oceano da Terra". Oceanografia 23 (2): 112-114.

Das, S.M e Bisht, R.S. (1979) - Ecologia de alguns Hemiptera e Coleoptera dos lagos de kumaun. Ind. J. Ecol. 6 (1): 35-40.

Drogin, Bob (2009) - "Mapping an ocean of species". Los Angeles Times. Recuperado em 18 de agosto de 2009.

Dudgeon, D. (1999) - Riachos tropicais asiáticos: Zoobenthos, Ecology and conservation. Hong Kong University Press, Hong Kong. 828 pp.

Giri, C. (2011) - Status and distribution of mangrove forests of the world using earth observation satellite data. Glob. Ecol. Biogeogr. 20, 154-159.

Gonzalves, E.A. e Joshi, D. B. (1946) - Algas de água doce perto de Bombaim. J. Bombay Nat. Hist. Soc., 46(1): 154-176.

Gretchen C. (1997). Nature's Services. Island Press. ISBN 1-55963 476-6.

Haeckel, E. (1891) - Estudos sobre o plâncton. Jenaische Zeitschr. F. Naturw., 25: 232-336.

Hutchinson, G.E. (1975) - A Treatise on Limnology: Chemistry of Lakes, vol. 1, part II, John Wiley & Sons Inc., New York, 660 pp.

Hynes, H.B.N. (1960) - The Biology of Polluted Waters. Liverpool University Press, Liverpool, Reino Unido. 202 pp.

Lewis, O.T. e Gripenberg, S. (2008) - Insectos predadores de sementes e alterações ambientais. Jornal de Ecologia Aplicada, 45 (6):
1593-1599.

McCafferty, W. P. (1981) - Aquatic Entomology: The Fishermen's and Ecologists' Illustrated Guide to Insects and their relatives. Jones and Bartlett Publishers, Inc., Boston, XV. 448 pp.

NOAA (2015) - "Volumes dos oceanos do mundo a partir de ETOPO1". NOAA. Recuperado em 2015-03-07.

Pandit, A.K., Qadri, M.Y e Jan, U. (1991) - Comunidades bentónicas das águas interiores da Índia. In: Currents trends in Limnology. Vol. 1: Narendra Publishing House, 237-250 pp.

Persoone, G. De e Pauw, N. (1979) - Sistemas de controlo biológico indicadores para a avaliação da qualidade da água. In: Biological aspects of fresh water pollution (Ed. O., Ravera). Pergamom Press, Oxford, Reino Unido, 39-45 pp.

Qadri, Syed (2003) - "Volume dos oceanos da Terra". A Física Factbook. Recuperado em 2007-06-07.

Rosenberg, D.M. e Resh, V.H. (1993) - Fresh water Biomonitoring and benthic macroinvertebrates. Chapman and Hall publication, Nova Iorque; 488 pp.

Sahlen, G e Ekestubbe, K. (2001) - Identificação de libélulas (Odonata) como indicadores da riqueza geral de espécies em lagos de florestas boreais. Biodiversity and conv., 10: 673-690.

Tachet, H., Richoux, P., Bourneau, M. e Usseliopolatera, P. (2003). Invertebratesd" eaudouce; systematique, biologie, ecologie. Invertebrados de água doce; sistemática, biologia, ecologia. Edição do CNRS, Paris.

Wetzel, R. G. (1983) - Limnology. 2nd Ed. Saunders College Publishing Co., Nova Iorque, 767 pp.

Wetzel, R.G. (2001) - Limnology-Lake and River Ecosystems. Academic Press, San Diego, pp. 1006.

Pesquisa WordNet - oceano" (2012) - Universidade de Princeton. Recuperado em 21 de fevereiro de 2012.

'QKEQVOS" (2012) - Biblioteca Digital Perseu. Recuperado em 17 de maio de 2012.

Oceano, n (2012) - Dicionário de Inglês Oxford. Recuperado em 5 de fevereiro de 2012.

MIX
Papier aus verantwortungsvollen Quellen
Paper from responsible sources
FSC® C105338

Printed by Books on Demand GmbH, Norderstedt / Germany